德国式简单料理

门仓多仁亚 著

陈怡萍 译

山东人民出版社

"Liebe geht durch den Magen"

简单而温暖人心的德国料理
一定要在家里尝试一下

　　说到德国料理，大家一定会联想到土豆、香肠和啤酒。确实，德国人的餐桌上经常出现这三种，但是真正的德国料理可远远不止这些。

　　"Liebe geht durch den Magen"

　　这是德国的一句谚语，直译过来就是"爱能传递到胃里"，也就是"抓住 TA 的胃就抓住了 TA 的心"的意思。家人和朋友聚在一起吃着可口的家庭料理，这种乐趣没有国界之分。不管是按时令举行的宗教祭典，或者是庆祝生日，人们总会聚在一起享受美食。

　　德国料理没有华丽的外表，却是一种简单又温暖人心的料理。人们擅长活用时令的食材，并进行简单的加工；基本的调味品是西式浓汤和炒洋葱或者烤培根；不使用昂贵的材料，也没有什么特殊的技巧；就连料理的制作过程中也蕴含着理性的思维……这就是德国人独有的德国料理。在德国，任谁都不会过分挑剔，而是坐下来静静品尝家庭的味道。

　　我的祖母是德国人，受其影响，我最喜欢传统的德国料理。本书就是以传统德国料理为基础，主要介绍在日本也能轻松做出的家庭式德国料理菜单。分量也从德式调整为了日式，也就是量没有那么多的意思啦（笑）。

　　请大家发挥自己的特长，选择喜欢的德国味道，和最亲密的人一起分享美食的快乐吧！

　　Guten Appetit!

门仓多仁亚

目 录

丰富的菜式和节俭的智慧

土豆的质朴菜单

利用冰箱里剩下的蔬菜！

德式炖菜料理

盐渍、醋渍、果酱、调味料等

给生活添色的易保存食品

本书的约定事项

* 本书使用的量杯是 200 毫升，计量勺是 1 大勺 = 15 毫升，1 小勺 = 5 毫升。

* kcal 约是一人份的热量。

* 烤箱的烹调时间根据不同的机型有所差异，请酌情调整。

Casual Lunch（闲适的午餐）

女性朋友来家里做客时的轻松午餐。
特意将薰衣草色的桌布竖过来铺，上头点缀有同色系的小花。
白色的陶瓷盘来自法国的 GIEN。
用普通玻璃杯代替高脚红酒杯，在纸巾上放上刀叉。

晚餐的款待

款待友人夫妇的诚意晚餐。

铺上亚麻质地的桌布，

来自英国的 Royal Stafford 骨瓷餐盘，两个叠放在一起。

盘子里放上亚麻餐巾，红酒杯和刀叉是来自德国的古董。

淡粉色的玫瑰花作装饰，再配上烛光，

整个气氛顿时变得轻柔温暖。

丰富的菜式和节俭的智慧

土豆的质朴菜单

德国人在一天中，基本有一顿会吃煮好的土豆（另外的两顿吃面包类食物）。这和大多数日本人一天之中总有一顿吃米饭的情况是一样的。在日本，因为不知道大家会添多少碗饭，总是会多煮一点的吧？同样，在德国家庭里，也总是会多准备一些土豆。多出来的土豆放进冰箱冷藏一晚，散发掉多余的水分，土豆会变得更紧实。利用这一特点，一道有名的德国菜诞生了。在日本叫做"德式烤土豆"，在德国被称为"煎土豆"。剩余的土豆煎至两面焦黄，加入炒软的洋葱和培根即可。非常简单的菜式，却非常美味。接下来的一章将介绍用土豆做成的早餐、下酒菜和主食等多种菜式。

正宗的德国味道

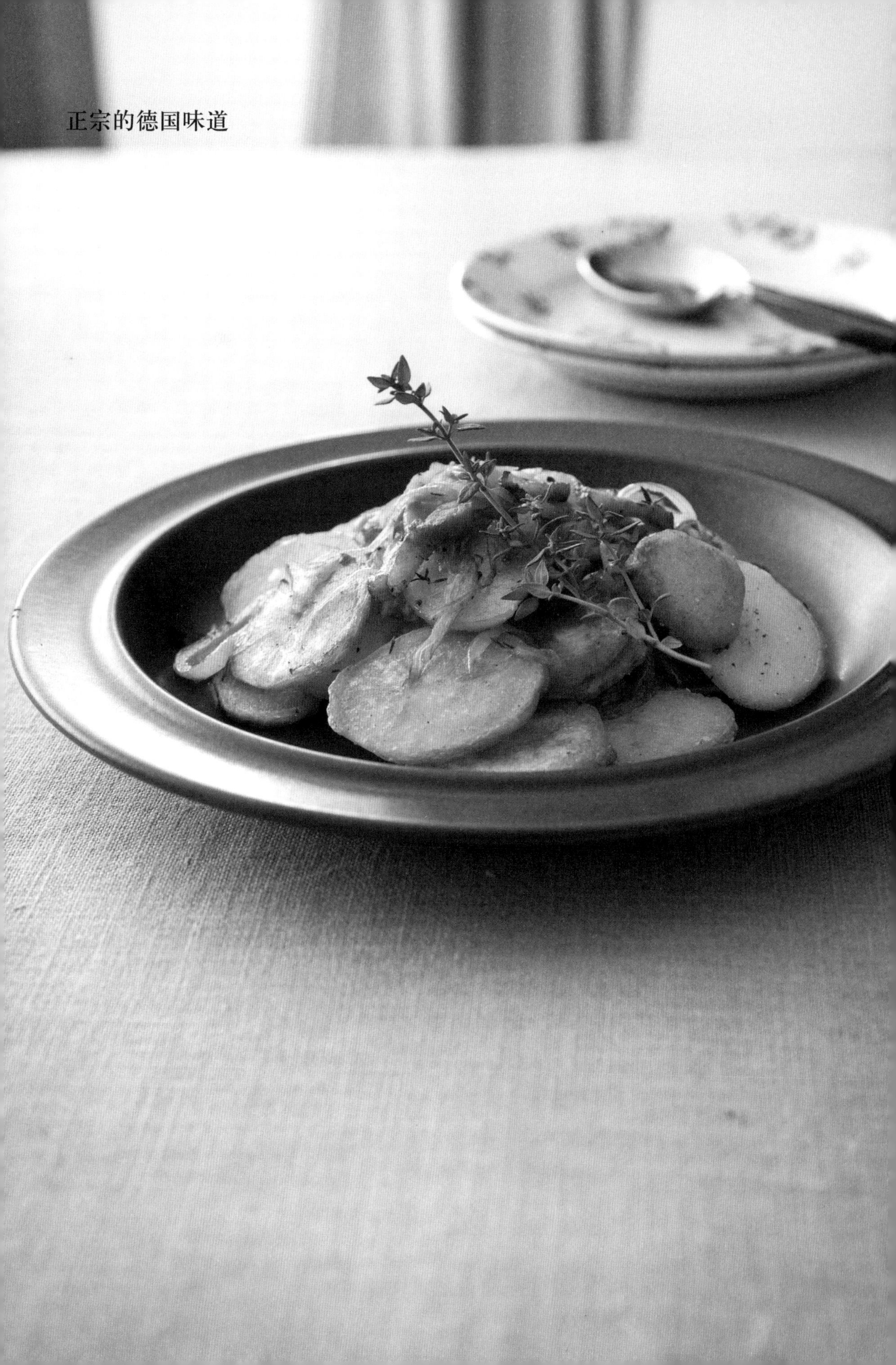

德式烤土豆

外焦里嫩的烤土豆，弹力十足的浓厚口感。

这种美味的秘密，就在于去除多余的水分。

秘诀：连皮一起焯过以后，不包保鲜膜在冰箱冷藏一晚。

材料（2人份）

土豆 … 2 个

培根（块）… 40 克

洋葱 … 1/2 个

色拉油 … 2 大勺

黄油 … 1 大勺

盐、胡椒 … 各适量

百里香（干）… 少许

■ 340 kcal

a   b

c   d

1 连皮一起将土豆洗净，放入锅中，倒入刚好盖过土豆的水，加入少许盐。大火煮沸后转小火，直到能用竹签轻松穿透为止，煮约 20 分钟（图 a）。

2 用过滤筛盛起冷却，不包保鲜膜在冰箱里冷藏一个晚上（图 b）。

3 第二天，等土豆恢复室温以后，剥皮，切成约 1 厘米厚的圆片。不要切碎。

4 培根切成 5 毫米见方的长条形，洋葱切成薄片。

5 平底锅中加入 1 大勺色拉油，加热，加入培根用中火炒至变脆出油，再加入洋葱，一起翻炒至洋葱变软（图 c）。然后取出放在一边。

6 同一平底锅中加入 1 大勺色拉油，将步骤 3 的土豆切片并排放入锅中，注意不要重叠。用 10 ～ 15 分钟煎至两面焦黄（图 d）。撒上盐、胡椒和百里香，再将步骤 5 中的材料重新入锅，加上黄油一起加热。

7 装盘，用百里香的枝叶做装饰。

还有这样的改良菜单

农夫的早餐

参照"德式烤土豆"，进行到上述步骤 6。在用一个鸡蛋打成的蛋液中加入少许牛奶和盐，搅拌，缓缓倒入平底锅中，用鸡蛋勾芡。装盘，可能的话，可以切一些黄瓜莳萝泡菜（→参照 P.64，或直接购买成品）放入。

德式脆培根土豆沙拉

在日本土豆沙拉一般做成土豆泥状，
但在德国，人们会保留土豆的形状来增加口感。
加入泡菜的汁，作为清爽口感的提味。

材料（2～3人份）

土豆 … 2个

培根（块） … 30克

洋葱 … 1/4个

黄瓜莳萝泡菜 … 1株

　（→参照P.64，或直接购买成品）

黄油 … 1小勺

A ⎡ 泡菜汁 … 1～2小勺
　⎢ 橄榄油 … 1大勺
　⎢ 芥末 … 少许
　⎣ 盐、胡椒、砂糖 … 各少许

高汤（固态高汤按照说明用热水泡溶化）

　… 1/4量杯

香芹碎末 … 适量

■ 160 kcal

1　土豆连皮一起煮（→参照P.11"德式烤土豆"步骤1）。

2　培根切成5毫米见方的长条形，在平底锅中放入黄油，加热至溶化，放入培根煎脆，取出。

3　洋葱切末，泡菜切成小块。

4　步骤1煮好后，趁热去皮，切成1厘米厚的圆形土豆块。

5　在调理碗中放入步骤2、3和A中的材料，搅拌，注入热的高汤（图a）。再加入步骤4的材料（图b），轻轻搅拌后盖上盖子，静置约30分钟使其入味。

6　装盘，撒上香芹碎末。

a

b

醋渍青花鱼、西式泡菜和苹果混搭的土豆沙拉

加入了酸乳酪和酸味奶油的醇厚口感。

使用醋渍秋刀鱼（→ P.65）等也能做出好味道。

可作为白葡萄酒或者淡味红葡萄酒的下酒菜。

材料（2～3人份）

土豆 … 2个

醋渍青花鱼 … 50克

苹果 … 1/4个

洋葱 … 1/4个

莳萝 … 2～3株

黄瓜莳萝泡菜 … 1～2株

（→参照 P.64，或直接购买成品）

A ┌ 老酸乳酪 … 50克
  │ 酸味奶油 … 25克
  │ 泡菜汁 … 1～2大勺
  │ 芥末 … 1小勺
  └ 盐、胡椒 … 各少许

■ 180 kcal

1 土豆连皮一起煮（→参照 P.11 "德式烤土豆" 步骤 1）。

2 醋渍青花鱼和苹果切成 1 厘米见方的小块，洋葱和莳萝切末，泡菜切成小块。

3 步骤 1 煮好后，趁热去皮，切成 1 厘米厚的圆形土豆块。

4 将 A 放入调理碗，充分搅拌。加入步骤 2、3 中的材料继续搅拌，静置 30 分钟使其入味。

5 装盘，用莳萝枝叶（上述分量之外）装饰。

土豆薄饼
搭配苹果泥和烟熏三文鱼

土豆磨碎后作为煎薄饼的原材料。
用大量的油烹炸，芳香四溢。
苹果和砂糖的甜味，烟熏三文鱼的咸味，供君选择。

a   b   c   d   e

材料（3 ~ 4 人份）

土豆 … 大个 4 个

洋葱 … 1/2 个

┌ 鸡蛋液 … 1 个的量
A
└ 盐、肉豆蔻 … 各适量

色拉油 … 2 ~ 3 大勺

砂糖 · 苹果酱 （→参照 P.66）

　　　… 各适量

┌ 酸味奶油 … 2 大勺
│
B 香葱横切 … 2 ~ 3 根
│
└ 盐、胡椒、大蒜碎末 … 各少许

烟熏三文鱼 … 3 ~ 4 片

金黄色生菜 … 少许

■ 260 kcal

1 土豆去皮，调理碗中加水，将土豆磨入碗中（图 a）。用过滤筛捞起，用力将水分挤出（图 b）。碗里的水静置片刻，使淀粉沉淀。

2 把步骤 1 中挤干水分的土豆放入另一个碗中，磨入洋葱（图 c）。

3 将步骤 1 碗中的水缓缓倒掉（图 d），把碗底留存的白色淀粉倒入步骤 2 的碗里。加入 A 搅拌。

4 平底锅中倒入色拉油加热，加入步骤 3 的原材料 2 ~ 3 大勺，摊成饼状（图 e）。每一面烤 3 ~ 4 分钟，直到烤出漂亮的颜色。剩下的原材料也同样烤制。

5 将步骤 4 放在两个不同的盘子里，一个撒上砂糖，涂苹果酱。另一个涂上搅拌好的 B，再添上烟熏三文鱼和金黄色生菜。

土豆泥和酸奶油

这种料理在德国被称为"土豆奶酪"。

虽然并没有加入奶酪，却有一种如同加入了奶酪般的浓厚口感。

涂在加入了许多裸麦的面包上，再配上红酒，享受多层次的丰富口感。

> 多仁亚 · 小贴士
>
> 土豆的做法一般有两种：一种做法是像德式烤土豆那样，煮透以后晾干水分，一种做法就煮透以后捣碎

材料（2 人份）

土豆 … 2 个

┌ 酸奶油 … 3 大勺
A
└ 盐、胡椒 … 各适量

洋葱碎末 … 4 大勺

香葱横切 … 少许

裸麦面包薄片 … 4 片

盐、黄油 … 各少许

■ 290 kcal

1 土豆去皮，切成适当大小。在盐水中煮到能用竹签轻松穿透。

2 步骤 1 滤水，将土豆倒入调理碗中，加入 A，用捣碎器捣碎。最后加入洋葱碎末，搅拌。

3 裸麦面包片上涂上黄油，再摆上步骤 2 材料，抹匀，最后撒上香葱。

土豆配脱水酸奶

酸奶放在过滤筛上，在冰箱里冷藏一晚，不可思议的事情发生了！
竟然变得像奶油一样香滑。
混入香辛料等佐料，搭配煮透的土豆，开始味蕾的享受吧。

材料（4 人份）

土豆 … 小个 8 个

酸奶 … 200 ～ 250 克

```
┌ 藏茴香籽 … 少许
│ 红辣椒粉 … 1/4 小勺
A 香葱横切 … 3 ～ 4 根
│ 洋葱碎末 … 1 大勺
└ 盐、胡椒 … 各适量
```

■ 110 kcal

多仁亚 · 小贴士

从酸奶中渗透出来的水分被称为乳清
（whey），含有丰富的维生素。如果扔掉
的话太可惜，可以加入蜂蜜做成饮品，
也很好喝哦。

1　制作脱水酸奶。将过滤筛叠在碗上，垫入较厚的纸巾，倒入酸奶后盖上保鲜膜。在冰箱里冷藏一个晚上。将漏到碗里的水另作保留。

2　土豆连皮一起煮透（→参照 P.11 "德式烤土豆" 步骤 1）。

3　把 A 混入步骤 1 材料中，如果感觉有些太浓稠可以适当加入滤出来的水进行稀释。

4　煮好的土豆上半部分去皮，将步骤 3 浇在上面。如有可能，可以撒上藏茴香籽，香葱碎末和洋葱碎末（预定分量以外）。根据喜好淋上橄榄油或者亚麻籽油（右图）。

亚麻籽油是从亚麻的种子（flaxseed）中提取的，是含有多种不饱和脂肪酸的健康植物油。最近可以在超市等地方买到。

土豆沙拉酱和蔬菜沙拉

煮透的土豆捣碎，做成暖暖多汁的沙拉酱。

和简单的蔬菜沙拉是天生一对。

可以在冰箱保存 2 ～ 3 天，想吃的时候稍微加热一下味道更好。

材料（2 ～ 3 人份）

土豆 … 80 克

高汤（固态高汤按照说明用热水
    泡溶化）… 1/2 量杯

┌ 白葡萄酒醋 … 1 ～ 1.5 大勺
A 橄榄油 … 3 大勺
└ 盐、胡椒 … 各适量

培根 … 100 克

野苣、嫩菜叶等喜欢的蔬菜
    … 各适量

■ 260 kcal

1　制作沙拉酱。土豆去皮切成骰子形，和
　　汤一起倒入锅中，加热。煮到变软（如
　　右图），和水分一起用捣碎器捣碎。

2　将 A 加入步骤 1 中搅拌，在冷却之前
　　盖上铝箔保温。

3　培根切碎，不加油倒入平底锅中，开小
　　火。炒至出油，去除多余的油脂。

4　将喜欢的蔬菜和步骤 3 一起装盘，在开
　　动之前浇上步骤 2 的沙拉酱。

三文鱼和土豆香草沙司

在法兰克福的早市上，可以找到这种专门用来做沙司的香草。

清爽而类似蛋黄沙司的味道，还可以抹在油炸食品上面。

材料（2人份）

生三文鱼（切好的鱼块）… 2 块

土豆 … 2 个

[香草沙司] … （4 人份）

黄瓜 … 半根

香草（意大利香芹、水芹、细叶芹、香葱、
　　龙蒿、莳萝）… 两手抓满

白煮蛋 … 1 个

橄榄油 … 1 大勺

　┌ 酸奶（略微脱水）· 酸奶油
　│　　… 各 75 克
　│ 洋葱碎末 … 1 大勺
　│ 大蒜刨碎 … 1/2 瓣
A │ 黄瓜莳萝泡菜碎末 … 1 小株
　│　（→参照 P.64 或者直接购买成品）
　│ 芥末 … 1/2 小勺
　└ 盐、胡椒、砂糖、柠檬汁 … 各少许

盐、胡椒 … 各适量

黄油 … 少许

白葡萄酒 … 1 大勺

■ 438 kcal

1 制作香草沙司。白煮蛋蛋白蛋黄分开。
　蛋黄倒入碗中捣碎，加入橄榄油捣至糊
　状。蛋白切小颗粒。

2 黄瓜切片，用手动搅拌器，捣至泥状（图
　a）。香草也同样处理成泥状（图 b）。

3 在步骤 1 的糊中，加入步骤 2、A 的材
　料和白煮蛋蛋白，搅拌。

4 土豆去皮，切成适合一口放进嘴里的大
　小，在加入了少量盐的水中煮 15 分钟
　左右。

5 三文鱼去皮后撒上盐、胡椒。

6 平底锅中放入黄油，加热融化，放入
　步骤 5，淋上白葡萄酒。盖锅盖，蒸烤
　2 ~ 3 分钟。

7 将步骤 4 和 6 的材料装盘，将步骤 3 沙
　司的一半浇在三文鱼上。

* 剩余的沙司可以在冰箱保存 2 ~ 3 天。

a

b

土豆和苹果的奶酪烤菜

这道菜在德国常常被用作荤菜的配菜，
但其实它可以作为素食单独享用。
因为不用制作牛奶沙司，所以步骤很简单。

材料（2 人份）

土豆 … 2 个

苹果 … 2 个

鸡蛋 … 2 个

牛奶 … 1 量杯

巴马干酪 … 60 克（译者注：一种天
　　然干酪，原产于意大利巴马地区的
　　硬质干酪，弄成粉后使用。）

盐、胡椒、肉豆蔻（粉）… 各适量

黄油 … 适量

■ 460 kcal

1　土豆去皮，切成 5 ~ 6 毫米的块状，在
　加入了少量盐的水中煮 3 ~ 4 分钟。

2　苹果去皮去芯，切成 5 ~ 6 毫米的半月
　形。

3　鸡蛋在碗中打成蛋液，加入牛奶、30
　克巴马干酪，再加入盐、胡椒、肉豆蔻
　粉，混合搅拌。

4　耐热碗中涂上黄油，步骤 1 和 2 的材料
　交叉重叠放入碗中。倒入步骤 3，剩余
　的干酪均匀撒入。

5　烤箱温度 200 摄氏度，烤制 20 分钟左
　右，直到颜色焦黄。

多仁亚 · 小贴士

干酪可以根据喜好，一半使用巴马干酪，
另一半使用格吕耶尔干酪（译者注：靠近
法国边境的瑞士的格吕耶尔村原产的硬干
酪），也很美味哦！

土豆和烤鸡肉

鸡肉淋上满满的辣味泡菜汁，与土豆一起在烤箱中烤至外焦里嫩。
要点是要烤出明显的焦痕。

材料（4 人份）

土豆 … 4 个

鸡腿肉（带骨）… 4 根

迷迭香 … 4 株

A
盐 … 1/2 小勺

大蒜碎末 … 一瓣

红辣椒（粉）… 2 小勺

咖喱粉、香菜种子 … 各少许

橄榄油 … 2 大勺

盐、胡椒、橄榄油 … 各适量

■ 460 kcal

1 鸡腿在关节处入刀，切成两半（如右图）。

2 迷迭香去叶，切碎。

3 调理碗中加入步骤 2 和 A 混合，再加入步骤 1 蘸满鸡肉，腌泡 30 分钟。

4 土豆去皮，切成适合使用的大小，过水，再拭干水分。加入碗中，撒上盐和胡椒，橄榄油浇满。

5 烤箱的搁板上放置步骤 3，在周围放置步骤 4。

6 烤箱 200 摄氏度，烤 30 ~ 40 分钟，直至焦黄。中途翻面一次。

土豆泥和汉堡肉饼

在德国通常用土豆来搭配汉堡。

蔬菜煮成汤汁，配合肉的味道，作为汉堡肉饼的调味汁。

这是一种不失食材原味的合理方法。

材料（2 ~ 3 人份）

[土豆泥]

土豆 … 200 克

牛奶（加热至人的皮肤温度）

 … 1/4 量杯

黄油 … 1 大勺

肉豆蔻（粉）… 少许

盐 … 少许

[汉堡]

牛肉和猪肉的混合肉馅 … 300 克

面包粉 … 3 大勺

牛奶 … 2 大勺

洋葱碎末 … 1/4 个

香芹碎末、红辣椒（粉）… 各少许

鸡蛋 … 1 个

芥末 … 1 大勺

盐、胡椒 … 各适量

黄油、色拉油 … 各 1 大勺

[配菜和调味汁]

胡萝卜 … 1/2 根

蔓菁 … 2 个

高汤（固态高汤按照说明用热水泡溶化）

 … 1.5 量杯

小麦粉 … 1 大勺

盐、胡椒 … 各少许

■ 440 kcal

1 制作土豆泥。土豆去皮，切成适当的大小，放入加入了少许盐的水中煮。煮至能用竹签轻松穿透，留 50 毫升汁，热水过滤掉（图 a）。

2 土豆重新入锅，用捣碎器捣碎，将剩余的用来制作土豆泥的材料全部倒入混合（图 b）。如果觉得太浓稠，可以酌情加入步骤 1 的汁水稀释。

3 配菜的胡萝卜切成 4 ~ 5 厘米长的条状，蔓菁留少量根茎，连叶一起切成月牙形。

4 锅内加入汤和胡萝卜，加热（图 c），等胡萝卜稍微变软以后，加入蔓菁一起煮。蔬菜煮透以后，滤出汤水 250 毫升，如果不够再加水。

5 制作汉堡肉饼。面包粉中加入牛奶打湿，拧压。放入碗中，将制作汉堡肉饼需要的材料全部加入，充分混合搅拌。将完成的原材料分成 2 ~ 3 等份，揉压成圆饼形。

6 黄油和色拉油入锅加热，放入步骤 5，开中火烤。边缘烤至有焦痕即可翻面，翻烤过程中视情况加油，待中央部分也烤熟后，取出。

7 步骤 6 的平底锅中留 1 大勺量的油。撒入小麦粉炒，将步骤 4 中剩下来的汁水一点点倒入，搅拌混合（图 d），做成糊状的调味汁。加入盐、胡椒调味，再将胡萝卜和蔓菁加入，一起加热。

8 汉堡肉饼和土豆泥装盘，搭配步骤 7 的蔬菜，在汉堡肉饼上淋上调味汁。

a

b

c

d

德国面包

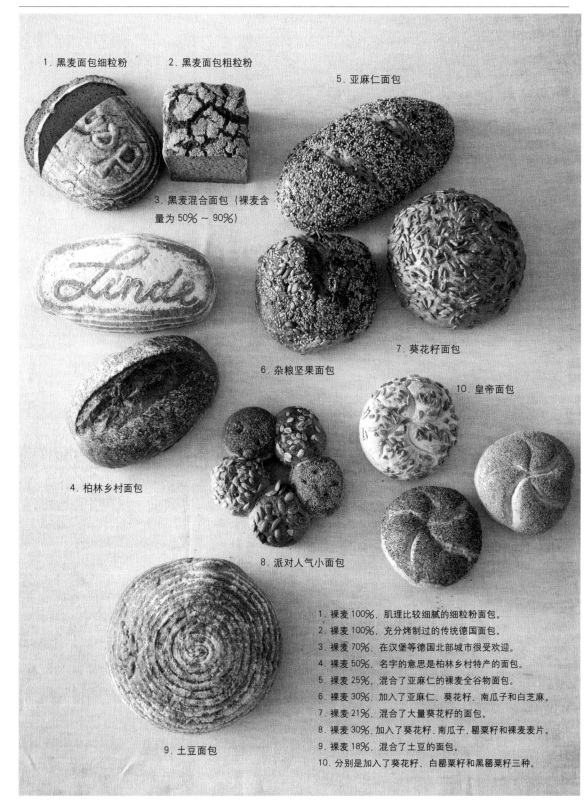

1. 黑麦面包细粒粉
2. 黑麦面包粗粒粉
3. 黑麦混合面包（裸麦含量为50%～90%）
4. 柏林乡村面包
5. 亚麻仁面包
6. 杂粮坚果面包
7. 葵花籽面包
8. 派对人气小面包
9. 土豆面包
10. 皇帝面包

1. 裸麦100%，肌理比较细腻的细粒粉面包。
2. 裸麦100%，充分烤制过的传统德国面包。
3. 裸麦70%，在汉堡等德国北部城市很受欢迎。
4. 裸麦50%，名字的意思是柏林乡村特产的面包。
5. 裸麦25%，混合了亚麻仁的裸麦全谷物面包。
6. 裸麦30%，加入了亚麻仁、葵花籽、南瓜子和白芝麻。
7. 裸麦21%，混合了大量葵花籽的面包。
8. 裸麦30%，加入了葵花籽、南瓜子、罂粟籽和裸麦麦片。
9. 裸麦18%，混合了土豆的面包。
10. 分别是加入了葵花籽、白罂粟籽和黑罂粟籽三种。

德国人的主食是面包和土豆。大部分的德国人一天两顿的主食是面包。德国面包的一大特征是原材料里加入了比较多的裸麦。因为德国气候环境恶劣，比起小麦更适合栽培裸麦。裸麦面包有四个特征。第一，因为原材料的裸麦是黑色，所以面包也是黑色。第二，与小麦相比，裸麦的谷蛋白含量比较少，发酵之后面包中也不会留存大量的空气，因此面包比较紧实，口感略硬。第三，发酵使用的天然酵母是酸味的，因此面包也带有一点酸味。第四，天然酵母中含有对人体有益的多种菌类，为面包增添了独特的风味和美妙口感。裸麦面包易于保存，冬天可以室温保存一周。

此外，裸麦面包并不全是100％裸麦制成，很多种类的裸麦面包里加入了小麦粉，用来调节硬度和酸味。还有很多面包里加入了亚麻仁、葵花籽、芝麻、罂粟籽。另外，还有具有地方特色的，形状各异的面包。德国面包的种类之多，可以称得上世界第一。只要不断尝试，一定可以找到自己中意的口味。

在店里选择面包的时候，首先要注意的就是裸麦的含量。裸麦含量比例越高，面包的颜色越黑，质地越硬，口感越酸，所以要根据个人喜好选择。裸麦面包和小麦面包不同，新鲜出炉的时候并不是最好吃的时候，出炉后第二天开始变得更加美味。裸麦含量比例高的面包，适合切成薄片，然后涂上厚厚的黄油享用。黄油的温润配上裸麦面包的酸味，口感相得益彰。裸麦面包也可以用来搭配具有扎实口感的火腿、起司等。总之，一定要大胆地多多品尝！

裸麦面包的顶饰范例，从右上角开始顺时针依次是：脱水干奶酪和洋李酱、巧克力酱、鲜起司和香草、生火腿、肝泥酱、黄油。

利用冰箱里剩下的蔬菜！

德式炖菜料理

拥有漫长冬季的德国，自然诞生了许多汤类和炖菜类、可以让人从身体内部暖起来的料理。其中最具有德国特色的，当属"Eintopf"，直译过来就是"一大锅菜"。就是往一个大锅里扔进许多食材烹煮而成的杂锦汤。因为可以加入很多食材，所以这种料理真是清理冰箱的好帮手。以前，祖父的妈妈会在每个星期六，烤好全家族成员要吃一个礼拜的面包。在这样忙碌的日子里，用家里现成的蔬菜、豆子和肉类做一顿大锅菜就成了必然的选择。大锅菜的食材种类丰富，百吃不厌，而且营养丰富，很受大家的欢迎。我最喜欢加入了土豆和香肠的大锅菜。裸麦面包上涂上满满的黄油作配菜，是正宗德国 style。在这一章里，我将介绍具有代表性的大锅菜，和其他在德国很有人气的炖菜料理。

德式大锅菜的基本款

德式乱炖杂菜汤

这个食谱是大锅菜（"一大锅"的意思）的代表性制作方法。

不管哪种蔬菜都能做得很好吃，想打扫冰箱的时候尤其适合。

第二天，煮得烂烂的土豆会更加美味，因此多煮一些也没有关系哦。

材料（5～6人份）

培根 … 50 克

香肠（喜欢的种类）… 4 根

土豆 … 4 个

胡萝卜 … 1 根

白萝卜 … 1/4 根

香芹 … 1 株

洋葱 … 1 个

圆白菜 … 1/4 个

葱 … 1 株

西兰花 … 5 朵瓣

水 … 1.5L

固态高汤 … 1 个

盐、胡椒 … 各适量

色拉油 … 少许

意大利香芹碎末 … 少许

■ 180 kcal

1　培根切成 1 厘米见方，香肠切成 7 ～ 8 毫米的小段。

2　土豆切成 1 厘米大小的小块，胡萝卜、白萝卜、香芹切成较小的块。洋葱切块、圆白菜切 2 ～ 3 厘米的大小、葱切厚段、西兰花瓣成小块（图 a）。

3　色拉油入锅加热，加入培根翻炒，再加入洋葱。然后加入除了土豆和西兰花之外的其他蔬菜，继续翻炒（图 b）。

4　步骤 3 中加入 1.5L 的水和固态高汤，沸腾以后去掉漂浮在表面的杂质，开小火煮 10 ～ 15 分钟直到蔬菜变软。加入土豆和西兰花，再煮 10 分钟左右，然后加入盐和胡椒调味。

5　和汤一起装盘，放入香肠，撒上意大利香芹。

a

b

咸猪肉拌香芹苹果调味汁

咸猪肉是德国传统的食物。猪肉上抹盐放置一段时间，多余的水分散去，可以进一步唤出肉的鲜美。
咸猪肉和苹果汁一起咕嘟咕嘟煮透，再拌入两种调味汁。

材料（4~5人份）

猪肩里脊肉（块）… 约500克

粗盐 … 1/2 大勺

月桂叶 … 1 片

百里香 … 2 株

洋葱 … 1 个

胡萝卜 … 1 根

香芹 … 1 株

A ┌ 意大利香芹的茎（因为要做成调味汁
  │ 所以把茎划开）… 适量
  └ 黑胡椒（粒）、公丁香 … 各3粒

苹果汁（市面产品）… 1.25 量杯

水 … 适量

[香芹调味汁]

意大利香芹 … 一大捆

细香葱 … 6 根

芥末、橄榄油、水 … 各1大勺

柠檬汁 … 1 小勺

盐、胡椒 … 各少许

[苹果汁]

苹果酱（→参照P.66）… 适量

马萝卜（市面产品）
    … 1~3 大勺

■ 280 kcal

多仁亚·小贴士

锅内剩下的汁液保留了肉的鲜味，可以
当成汤喝（去掉蔬菜）。
马萝卜可以使用市面销售的罐装，如果
有新鲜的马萝卜，刨碎使用。

---

1 制作咸猪肉。猪肉卷入鱿鱼丝，涂抹
粗盐。外层包上月桂叶和百里香，用
保鲜膜紧紧包好，放入保鲜袋（图a）。
在冰箱里冷藏2~3天（最长可以保
存1个礼拜，中途如果有水分渗出，
拭干后用保鲜膜重新包好）。

2 洋葱、胡萝卜、香芹随意切段，用A
的公丁香刺入洋葱。

3 步骤1拭干水分（图b），与步骤2、
A 的剩余部分一起入锅。倒入苹果汁
（图c），再倒入水直到盖过肉。大火
煮至沸腾，关小火煮45分钟左右。

4 制作调味汁。香芹汁只需把全部材料
混合，用捣碎器捣碎成泥状。苹果汁
只要将材料混合搅拌即可。

5 从步骤3的锅中将肉取出，切成喜欢
的大小，装盘，配上步骤4的调味汁。

a

b

c

还有这样的改良菜单

咸猪肉三明治

长棍面包中间横切，涂上黄油和芥末。摆上
撕碎的芝麻菜、咸猪肉的薄片、白煮蛋的切
片做成三明治，切成适当大小。

德式烩猪肉

烩猪肉原本是匈牙利的传统料理，后来传到了德国。

要点是最后加入碎土豆，做成香浓的勾芡。

用餐叉将煮熟的土豆弄碎，让它和调味汁充分混合一起食用，真是人间美味。

材料（4～5人份）

猪肩里脊肉（炖菜用）… 500 克

洋葱 … 1 个

辣椒（红、黄）… 各 1 个

盐 … 适量

色拉油 … 1 大勺

┌ 大蒜碎末 … 2 片

│ 红辣椒（粉）… 1.5 大勺

A 藏茴香籽·卡宴胡椒

│   … 各 1/2 小勺

└ 盐 … 1/4 小勺

番茄酱 … 2 大勺

瓶装啤酒 … 2.5 量杯

土豆 … 4 个

水芹 … 1 把

■ 410 kcal

1　猪肉撒少许食盐腌渍。

2　洋葱切薄片，辣椒去掉蒂和种子，切碎。

3　色拉油入锅加热，加入步骤 1 翻炒至表面焦黄，取出待用。

4　洋葱加入步骤 3 的锅中炒至变软。加入 A，炒香。再加入番茄酱稍微翻炒，将步骤 3 的猪肉倒入锅中。倒入啤酒（图 a），锅底肉的鲜味也融入酒中。煮至沸腾使酒精蒸发，开小火，盖上锅盖，熬煮 40 分钟左右直到肉变柔软。

5　土豆三个去皮，切成适合食用的大小，在加入了少量盐的水中煮熟。

6　步骤 4 中加入辣椒，煮 10 分钟左右。1 个土豆去皮，刨碎加入（图 b），混合搅拌制成勾芡。

7　装盘，配上步骤 5 材料和水芹。

a

b

红辣椒粉（右）和卡宴胡椒（左）都是红色的粉末，十分相像，注意不要用错，用得过量会变得很辣哦！

奶油烩猪肉

这道菜的要领是把猪肉切碎，减少炖煮的时间。

酸奶油的酸味，起到了给整道菜提味的作用。

被称作 Spatzli 的手打面，有时间的话一定要挑战一下！

材料（4 ～ 5 人份）

猪脊里脊肉（块）… 300 克

西红柿 … 2 ～ 3 个

洋葱 … 1/2 个

黄瓜莳萝泡菜 … 4 小株

　（→参照 P.64，或直接购买成品）

大蒜 … 1 切片

黄油 … 1 大勺

盐、胡椒 … 各适量

A ⎡ 酸奶油 … 150 克
  ⎢ 生奶油 … 1 量杯
  ⎣ 番茄酱、芥末 … 各 1 大勺

香芹碎末 … 适量

■ 370 kcal

1　猪肉切成 1 厘米见方长 5 厘米的条状。

2　西红柿用热水焯过以后切成 1 厘米的小块。洋葱和泡菜也是同样切法。大蒜中间竖切成两半。

3　黄油入锅，加热，加入大蒜用小火炒出香味，取出待用。加入步骤 1 用中火炒至表面焦黄，撒盐和胡椒。取出待用，用铝箔盖上保温。

4　在步骤 3 的平底锅中加入洋葱炒至柔软，再加入西红柿和泡菜稍微翻炒。倒入 A，煮至沸腾，关小火收汁。加入盐和胡椒调味，再倒入步骤 3 的猪肉加热。

5　装盘，撒上香芹碎末，可用南德手打面（参照如下）做配菜。

如果有空闲，可以尝试这样的搭配

南德手打面

材料（4 人份）

A ⎡ 低筋面粉 … 100 克
  ⎣ 盐、肉豆蔻（粉）　… 各少许

鸡蛋 … 1 个

水 … 1/4 量杯

■ 110 kcal

1　调理碗中加入 A，倒入蛋液，用打蛋器搅拌。适当加入水充分搅拌（图 a、b）。覆盖保鲜膜，室温下静置 30 分钟左右。

2　在大锅里烧开足够多的水，稍微加点盐（预定分量以外）。

3　步骤 1 的原材料取 1 勺的量放在砧板上，用刀背压薄。切成细的长条放进步骤 2 的锅里（图 c）。剩余的原材料也同样处理，煮到面条浮上水面，捞起（图 d）。

4　马上吃的话就这样装盘，如果放置了一段时间，就用少许黄油（预定分量以外）稍微翻炒加热。

a　　　　　　　　　　b

c　　　　　　　　　　d

鸡肉做主材

鸡肉焖菜

德国的春天，刚出生不久的小鸡非常美味，通常会用春天的蔬菜和奶油一起煮。

本来是一整只下锅，这里我们就简单地使用鸡胸肉。

为了增加勾芡和浓郁的口感，关键在于最后加入蛋黄。

材料（4 ~ 5 人份）

鸡胸肉 … 2 块

高汤（固态高汤按照说明用热水泡溶化）

　… 4.5 量杯

绿芦笋 … 5 ~ 6 株

胡萝卜 … 半根

蘑菇 … 10 个

青豌豆 … 50 克

黄油 … 少许

盐、胡椒 … 各适量

A ┌ 黄油 … 35 克
　└ 低筋面粉 … 40 克

B ┌ 白葡萄酒 … 4 大勺
　│ 柠檬汁 … 1 大勺
　└ 英国辣酱油 … 少许

C ┌ 蛋黄 … 2 个
　└ 生奶油（或者牛奶）… 4 大勺

米饭 … 4 碗

香芹碎末 … 适量

■ 490 kcal

1　绿芦笋切成 3 ~ 4 等分，胡萝卜切成
　4 ~ 5 厘米的条状。

2　蘑菇去掉根部，竖切成两半。

3　锅内加入鸡肉和汤加热，烧到快要沸
　腾的时候关小火，静静地煮 10 分钟
　左右。

4　从步骤 3 中取出鸡肉，去掉鸡皮，切
　成适合一口吃下的大小（这个时候没
　有完全熟透也 ok）。汤汁保留 4 量杯
　的量（如果不够的话加点水）。

5　步骤 4 的汤煮至沸腾，依次加入步骤
　1 材料和青豌豆，煮到变软，取出待用。

6　黄油入锅加热，稍微翻炒一下蘑菇，
　加点盐和胡椒，取出待用。

7　步骤 5 的汤热一下，将 A 用手揉匀后
　放入锅中，调出勾芡。加入步骤 4 的
　鸡肉、步骤 5 的蔬菜、步骤 6 和 B 的
　材料，稍微炖煮。关火，将 C 混合搅
　拌后加入，再迅速拌匀（如下图）。

8　热乎乎的白米饭盛到碗里，浇上步骤
　7 材料，撒上香芹碎末。

白葡萄酒煮鸡肉

鸡肉和美味的白葡萄酒一起煮透，煮干后的汤汁也是一样的美味。

因为是德国的传统料理，所以白葡萄酒也选用雷司令白葡萄酒。

不会太酸也不会太甜，强烈推荐。

材料（4 人份）

鸡腿肉（带骨）… 4 根

鲜冬菇 … 15 ～ 20 个

嫩菜豆 … 适量

盐、胡椒 … 各适量

色拉油、黄油 … 各 1 大勺多

A ┌ 白葡萄酒（雷司令）… 3/4 量杯
  └ 高汤（固态高汤按照说明用热水溶化）
       … 75 毫升

B ┌ 大蒜（捣碎）… 1 瓣
  │ 生姜薄片 … 1 小块
  └ 龙蒿 … 少许

生奶油 … 1/2 量杯

■ 450 kcal

1　鸡肉切成两半（→参照 P.23），用纸巾拭干水分，撒上盐和胡椒。

2　冬菇去根部，竖切成两半。嫩菜豆去茎，用盐水焯，从中间切成两段。

3　色拉油和黄油入锅加热，加入步骤 1，炒至全部焦黄色。推到锅的一边，放入冬菇翻炒。

4　步骤 3 的锅中加入 A，烧至沸腾，煮 1 ～ 2 分钟使酒精挥发。加入 B，盖上锅盖，沸腾以后关小火，煮 30 分钟左右。

5　取出鸡肉，覆盖铝箔保温（图 a）。锅内的汤汁煮到剩下一半，注入生奶油（图 b），再煮 5 分钟左右收汁。

6　步骤 5 的鸡肉重新入锅加热，和冬菇一起装盘，配上步骤 2 的嫩菜豆。

a

b

牛肉做主材

西红柿炖牛肉卷

日式牛肉火锅用的牛肉，卷进蔬菜、泡菜等，是招待宾客也拿得出手的一道菜。

切开以后，五颜六色的蔬菜就露出了脑袋。

除了煮好的土豆，也可以用来搭配南德手打面（→P.37）。

材料（4人份）

牛肉（火锅用）… 8 片

培根 … 100 克

洋葱 … 半个

胡萝卜 … 1/3 根

黄瓜莳萝泡菜 … 3～4 株

　（→参照P.64，或直接购买成品）

泡菜汁 … 少许

嫩菜豆 … 4 节

芥末、低筋面粉 … 各适量

色拉油、黄油 … 各 1 大勺

番茄酱 … 1 大勺

红酒 … 1/4 量杯

高汤（固态高汤按照说明用热水泡溶化）

　… 2.5 量杯（酌情使用）

A ┌ 百里香 … 1 株
　│ 迷迭香 … 1 株
　└ 月桂叶 … 1 片

生奶油 … 3～4 大勺

水溶猪牙花粉（用等量的水溶解）

　… 少许

盐、胡椒 … 各适量

■ 400 kcal

1　培根切成 1 厘米宽、洋葱切碎。平底锅中不放油，加入培根，用小火翻炒至微微出油。加入洋葱，炒至变软，和培根一起取出待用。

2　胡萝卜去皮，和泡菜一起切成比火柴棒略粗的大小。嫩菜豆去茎，和胡萝卜一起用盐水焯，切成差不多长短。

3　牛肉 2 片，正中央稍微重叠平铺在砧板上。撒上盐和胡椒，涂上芥末。放上步骤 1 和 2 的 1/4 的量，从一端开始卷起来（图 a）。横向的两端向内侧折拢，防止馅漏出。剩余的食材也一样卷起来。用茶滤等盛着低筋面粉，均匀撒在牛肉卷上（图 b）。

4　色拉油和黄油入锅，加热。步骤 3 的牛肉卷捏合处向下放入锅中，整个烤至焦黄以后取出。

5　步骤 4 的锅中加入番茄酱（图 c），炒至微香，再倒入红酒。牛肉卷重新入锅，注入汤，直到能够盖过牛肉卷。再加入 A，煮至沸腾，再关小火煮约 20 分钟（图 d）。

6　将牛肉卷取出，去掉香草配料。加入生奶油、泡菜汁、盐和胡椒，用水溶猪牙花粉制作勾芡（图 e）。再将牛肉卷重新放入加热。

7　装盘，淋调味汁，根据喜好配上用盐水煮好的土豆，用水芹做装饰。

a

b

c

d

e

红酒醋煮牛肉

德国人喜欢酸味，因此料理中经常使用醋。
这道菜和典型的葡萄酒炖牛肉非常相似。
红酒醋的酸味使肉质变得柔软，整道菜给人一种清爽的口感。

材料（5 ～ 6 人份）

牛小腿肉（块）… 500 克

洋葱 … 1 个

胡萝卜 … 1 根

香芹 … 1 株

大葱 … 1 株

A
┌ 月桂叶 … 2 片
│ 杜松子（如有）… 4 颗
│ 多香果 … 2 颗
│ 黑胡椒（粒）… 4 粒
│ 意大利香芹 … 1 株
│ 百里香 … 2 株
│ 红酒 … 1.25 量杯
└ 红酒醋 … 4 大勺

色拉油 … 2 大勺

番茄酱 … 2 大勺

砂糖 … 1 大勺

高汤（固态高汤按照说明用热水
　泡溶化）… 1/2 量杯

葡萄干 … 2 大勺

盐、胡椒 … 各适量

■ 260 kcal

杜松子是丝柏科的常青树杜
松的果实，闻起来非常香。
在日本不太被人们所熟知，
但在做肉料理的腌泡汁时经
常使用到它。是和杜松子酒
一样的香味。

1　洋葱、胡萝卜、香芹乱刀切碎，大葱交叉切碎。

2　保鲜袋里加入牛肉、步骤 1 和 A 的材料，挤出空气后封口（图 a）。冰箱中冷藏一晚，中途不时翻面。

3　将步骤 2 从冰箱中取出，恢复室温。在碗里叠上过滤筛打开，将肉、蔬菜和泡菜液分开，肉的水分擦干。泡菜液入锅煮沸，用纸巾过滤去掉涩味（图 b）。

4　平底锅中倒入 1 大勺色拉油加热，加入牛肉翻烤至外焦里嫩，移到普通锅里。

5　步骤 4 的平底锅里再倒入 1 大勺色拉油，加入步骤 3 的蔬菜翻炒，加少量的水（预定分量以外）将锅内残留的肉的鲜味刮掉。再加入番茄酱、砂糖和步骤 3 的泡菜液混合，移到步骤 4 的普通锅里（图 c）。

6　注入汤，至肉的高度的一半，将烤箱用的纸当做落盖，直接覆盖在材料上（图 d）。再盖上锅盖，点火加热。沸腾以后将火关小，再熬煮约 1 个小时。

7　肉煮软以后取出，盖上铝箔保温。制作调味汁。锅内的汤汁用过滤筛过滤，去掉蔬菜，重新入锅。加入葡萄干以后稍微煮开，加入盐和胡椒调味。

8　牛肉切片装盘，淋上调味汁。根据喜好配上〝紫甘蓝炖苹果〞（参考如下）。

a

b

c

d

如果有空闲，可以尝试这样的搭配

紫甘蓝炖苹果

材料（容易做的分量）

紫甘蓝 … 1 个（约 1 千克）

苹果（红玉等）… 2 个

洋葱 … 1/2 个

公丁香 … 3 颗

月桂叶 … 1 片

色拉油 … 4 大勺

A
┌ 盐、胡椒 … 各适量
│ 砂糖 … 1 ～ 2 大勺
│ 红酒醋 … 1 ～ 2 大勺
│ 汤（固态高汤）… 1 个
└ 水 … 1/2 量杯

■ 940 kcal（全部的量）

1　紫甘蓝切成细丝，苹果去皮切成银杏叶形。

2　洋葱中刺入公丁香。

3　色拉油入锅加热，加入紫甘蓝翻炒。加入苹果混合，再加入 A、步骤 2 和月桂叶。沸腾后关小火，盖上锅盖熬煮约 1 个小时。中途如果水不够可以适量添加（预定分量以外）。最后去掉洋葱和月桂叶。

多仁亚 · 小贴士

如果可能的话提早一天做好，睡了一晚的
紫甘蓝炖苹果会更加美味。开动之前加热
一下就可以了。

酸洋白菜炖香肠

这是德国自古以来的超级经典菜式。只需要肉类加工成品和酸洋白菜这些易于保存的食物就可以做出来，非常适合不能出去购物的日子！

酸洋白菜自然的酸味，清爽可口。

材料（4人份）

培根（块）… 200 克

香肠（喜欢的种类）… 4 根

酸洋白菜 … 400 克

　（→参照 P.60，或直接购买成品）

熏制带骨猪肋排（如有）… 4 根

洋葱 … 1 个

色拉油 … 1～2 小勺

白葡萄酒 … 1/4 量杯

高汤（固态高汤按照说明用热水泡溶化）

　… 1/2 量杯

A ⌈ 月桂叶 … 1 片

　│ 公丁香 … 1 颗

　│ 藏茴香籽 … 少许

　│ 杜松子（如有。→参照 P.45）

　│ 　… 3 颗

　└ 蜂蜜 … 1～2 大勺

粒状芥末 … 少许

■ 580 kcal

1　酸洋白菜唰地挤干水分（图 a）。

2　培根切成 4 等分，洋葱切碎。

3　色拉油入锅加热，加入洋葱炒软（图 b）。加入白葡萄酒、高汤、A。然后放入培根、香肠和熏制带骨猪肋排，盖上锅盖煮。沸腾后关小火，熬煮约 30 分钟。中途如果水不够，可以适量加入（预定分量以外）。

4　装盘，配上颗粒芥末。也可以根据喜好搭配煮好的土豆。

a

b

如果没有自己家做的酸洋白菜，也可以使用市面上的成品。但是一定要选择充分发酵（如左图）的那种，酸洋白菜的酸味是由发酵自然生成的，原材料中绝对不会含有醋的成分。

小扁豆炖香肠

这也是经典菜式。也就是小扁豆做主角的大锅菜。

德国的祖父家里，经常在礼拜六做这道菜。

要点是为了不把土豆煮烂，要煮到一定程度才加入。

材料（4 人份）

小扁豆（干）… 200 克

香肠 … 4 根

培根（块）… 200 克

土豆 … 2 个

胡萝卜 … 1 根

旱芹 … 1 株

洋葱 … 1 个

意大利香芹 … 适量

A 「月桂叶 … 1 片
　百里香 … 1 株
　水 … 1 升」

色拉油 … 1 大勺

盐、胡椒 … 各适量

白葡萄酒醋 … 1 大勺

■ 620 kcal

1　小扁豆洗净沥干。

2　培根切成小方柱形。土豆切 2 厘米见方，胡萝卜、香芹、洋葱切 1 厘米见方。意大利香芹茎叶分开，叶切成较粗的碎片。

3　色拉油入锅加热，加入培根，炒至出油。加入洋葱、胡萝卜和香芹翻炒，再加入步骤 1、A 和意大利香芹的茎，加水煮至沸腾。调中火，盖上锅盖熬煮约 15 ～ 20 分钟。

4　小扁豆煮软以后加入土豆（如右图），再熬煮 10 分钟。加入香肠温热，再加入盐、胡椒、白葡萄酒醋调味。

5　装盘，撒上意大利香芹的碎叶。根据喜好搭配白葡萄酒醋，或是涂了黄油的裸麦面包。

小扁豆不需要水中发泡，马上可以使用，非常方便。有去了皮的橘色小扁豆，也有没有去皮的茶色和深绿色的小扁豆（如左图），熬煮用的话推荐茶色或者深绿色的。

菜豆培根洋梨汤

用洋梨入菜，汤汁会隐隐地带一点甘甜。

为了不使洋梨变色，现切现用是诀窍。

切成一大块一大块，和培根一起煮成蔬菜牛肉浓汤的样子，美味即成。

材料（4 人份）

培根（块）… 100 克

嫩菜豆 … 200 克

土豆 … 3 个

洋梨 … 1 个

$\begin{array}{l} \text{水 … 1 升} \\ \text{固态高汤 … 1 个} \\ A \\ \text{香薄荷（〈干〉或者百里香〈干〉）} \\ \quad \text{… 少许} \end{array}$

盐、胡椒 … 各适量

■ 210 kcal

1　培根切成 1 厘米见方的方柱形。

2　嫩菜豆按长度切成 3 ～ 4 等份。土豆、洋梨切 1 ～ 1.5 厘米见方的小块，土豆用水洗净（如右图）。

3　步骤 1 和 A 材料入锅煮沸，加入拭干了水分的土豆，煮 5 分钟。加入洋梨和菜豆，煮到菜豆熟透为止。加入盐和胡椒调味。

4　装盘，根据喜好搭配涂上了黄油的裸麦面包。

香薄荷（如左图）的别名是夏香薄荷，属唇形科的香草植物。德语里的意思是〝用来煮豆子的香草〞。原产于地中海沿岸，经常用来消除肉的腥臭和搭配豆类的料理。

肉馅做主材

奶油肉圆

这道菜发源于曾经属于德国领土的哥尼斯堡,因此被冠上了"哥尼斯堡风味肉圆"这个名字。

特色是使用了凤尾鱼和刺山柑。

充分利用了柠檬汁和刺山柑酸味的一道清爽白汤。

材料(4人份)

[肉圆]

混合肉馅 … 400克

面包粉 … 4大勺

牛奶 … 2大勺

洋葱碎末 … 1/2个的量

蛋白 … 1个的量

凤尾鱼(鱼脊肉片) … 2～3片

芥末 … 1小勺

莳萝(或者香芹)碎末 … 2大勺

盐、胡椒 … 各少许

高汤(固态高汤按照说明用热水
 泡溶化) … 4.5量杯

葱青(如有) … 适量

黄油 … 45克

低筋面粉 … 50克

盐、黑胡椒 … 各适量

柠檬汁 … 2小勺

刺山柑 … 3大勺

A ┌ 蛋黄 … 2个的量
  └ 牛奶 … 1大勺

■ 430 kcal

1 肉圆的面包粉加入牛奶变稠。凤尾鱼切细。

2 大的调理碗中加入混合肉馅,加入步骤1和制作肉圆所有的剩余材料充分揉捏混合,取乒乓球大小捏成圆形。

3 锅里加入高汤和葱青,煮沸,加入步骤2煮5分钟(图a)。肉圆煮至八分熟时取出,高汤过滤以后留500毫升,如果不够加水添足。

4 另起一锅,入黄油加热,撒入低筋面粉,用小火煮3分钟至煮熟,注意不要有焦黄色。步骤3的高汤用勺子一勺一勺加入到锅中,每加一次都用橡胶铲等充分搅拌。步骤3全部加入后,熬煮至汤体细腻看不见粉状。

5 加入盐、黑胡椒、柠檬汁(图b),再加入刺山柑,步骤3的肉圆重新入锅加热。关火,将A混合后加入锅中搅拌(图c)。

6 装盘,淋调味汁,根据喜好加入土豆泥(→参照P.25)和黄瓜沙拉(参照如下)。

a

b

c

如果有空闲,可以尝试这样的搭配

黄瓜沙拉

材料(容易做的分量)

黄瓜 … 3～4根

盐 … 少许

[沙司酱]

洋葱 … 1/4个

莳萝 … 1捆

白葡萄酒醋 … 1大勺

砂糖 … 少许

盐、胡椒 … 各适量

橄榄油 … 3大勺

■ 410 kcal(全部的量)

1 黄瓜切薄片加盐揉搓,挤干水分。

2 用作沙司酱的洋葱切碎,莳萝切略粗的碎块。

3 调理碗中加入白葡萄酒醋、砂糖、盐、胡椒混合,加入橄榄油搅拌。再加入步骤2充分搅拌。

4 将步骤1用步骤3凉拌。

五彩蔬菜焖鲜虾

德国人会在春天举行的婚礼等重要仪式上，制作这道稍微有些繁琐的菜式。

旧东德的城镇，莱比锡风味焖菜，装有满满蔬菜的豪华料理。

要点是从虾的头部引出鲜味，和蔬菜的汤汁一起做成高汤。

材料（4 ~ 5 人份）

有头鲜虾 … 12 只

A ⌈ 盐、胡椒、红辣椒（粉）
  ⌊ … 各少许

花椰菜 … 1/2 个

胡萝卜 … 1 根

绿芦笋 … 4 根

青豌豆 … 70 克

按扣豌豆 … 8 节

　（译者注：豌豆的一个品种，颗粒肥
　　大，豆荚鲜嫩。）

嫩菜豆 … 12 节

冬菇 … 8 个

B ⌈ 水 … 2.5 量杯
  ｜ 盐 … 少许
  ⌊ 月桂叶 … 1 片

黄油 … 适量

番茄酱 … 2 大勺

C ⌈ 黄油、低筋面粉 … 各 30 克
  ⌊

■ 190 kcal

1　鲜虾去头，留尾去壳，去掉背上的虾线。撒上 A。虾头留存待用。

2　花椰菜掰成小瓣，剩余的蔬菜全部切成适合食用的大小（图 a）。

3　B 入锅煮沸，冬菇以外的蔬菜全部下锅焯，然后取出。煮过的汤汁留存待用。

4　调理碗中加入步骤 1 的鲜虾头，为了不沾上气味，用塑料袋包住擀面杖，用力捣碎（图 b）。

5　锅内加入少许黄油加热，加入步骤 4 的鲜虾头翻炒。炒出香味以后加入番茄酱和煮过蔬菜的汤汁（图 c）。沸腾后关小火，熬煮约 20 分钟。

6　调理碗中垫上较厚的纸巾，再叠上过滤筛，将步骤 5 过滤。用勺子等用力按压鲜虾头，挤出鲜味（图 d）。碗内的汤汁加入锅中重新加热。

7　用手将 C 揉匀加入步骤 6 中，调制勾芡。加入步骤 3 的蔬菜一起加热。

8　平底锅中加少许黄油加热，加入冬菇和鲜虾翻炒，加回到步骤 7 中一起加热。

9　和汤汁一起装盘，如果有的话用雪维菜做装饰。

a

b

c

d

德国葡萄酒

1.〈起泡酒〉F.Keller Riesling Sekt Brut／香槟方法制作的起泡酒。通常用于干杯的时刻。

2.〈白葡萄酒〉Vainberg Riesling／款待客人时比较推荐的高级烈性白葡萄酒。

3.〈白葡萄酒〉Brafen Reipperg Muskateller／适合搭配日式料理和鱼料理等，百搭的密斯卡岱。（译者注：Muscadet 密斯卡岱，这种白葡萄酒因其葡萄品种而得名，产自法国卢瓦尔河谷西部，靠近南特市，这种葡萄在17世纪由荷兰商人从勃艮第引进，因此也称勃艮第香瓜。因为这个品种口感淡，没有特别显著的特点，当时只是用来制造蒸馏的白兰地。不过时至今日，却是法国卢瓦尔河谷南特产区最重要的一种白葡萄酒。）

4.〈白葡萄酒〉Würzburger Stein Harfe／有着特殊酒瓶形状的弗兰肯地区葡萄酒，味先甜后酸。

5.〈红葡萄酒〉Ingelheimer Pares／莱茵河产区出产的红葡萄酒，推荐和肉类一起享用。

德国葡萄酒在日本似乎并没有深入人心，但我希望读者们能够更多地了解它的美味。虽然甜甜的餐末甜酒非常有名，但这绝不是德国葡萄酒的全部，还有许多配合多种菜式的口感浓烈的白葡萄酒。最近也许是受全球变暖的影响，气温上升，葡萄酒产量也变多了。

德国是可以种植酿造用葡萄的最北的地区。由于日照时间较短，葡萄田都开在沿着河岸的陡峭斜坡上，尽可能吸收太阳光的同时，也利用河水的反射来吸收热量。另外利用推迟葡萄收获的时间等手段来提高葡萄的含糖量和品质。德国红酒的另一个特征是瓶装酿造。不会受到木桶味道的影响，酒里包含的是葡萄纯粹的味道。

邻国法国使用给葡萄田评级的方法来给葡萄酒评级。而德国每年都会检测所有葡萄酒的成熟度，从而给定最新的评级。德国葡萄酒大致分为低等级的餐桌酒和高等级的 [Q.b.A] 和 [Q.m.P]，其中 [Q.m.P] 又细分为 6 个等级。生产量最多的是 [Q.b.A]。购买葡萄酒的时候，如果在标签上标有 [Q.b.A] 或者 [Q.m.P]，就可以默认为好喝的标识了。

餐前酒我推荐用香槟工艺制作而成的发泡性葡萄酒 [Sekt]。适合搭配主食的味道浓烈的白葡萄酒以 [Riesling] 为首，还有许多用不同品种的葡萄制成的酒。虽然有水果的味道，但因为原材料的葡萄就带有相当的酸味，因此绝不是那种甜甜的味道。最后会有一种一不小心一口气喝光的爽快感。红酒味道淡的比较多，推荐给喜欢水果味道的读者。最后就着餐后甜点，一定要品尝一下德国的餐末甜酒。

复古的葡萄酒酒杯。在德国的古董商店、酒类市场等采购收集而来。左边 2 只用来装开胃酒。中间 2 只装葡萄酒。右边 2 只用作倒餐后酒。

盐渍、醋渍、果酱、调味料等
给生活添色的易保存食品

德国从很久以前开始就有很多种干货，其中最有名的当属酸洋白菜。直译过来就是"酸味圆白菜"。在日本虽然被称作"醋渍圆白菜"，但其实这是一种误解。实际上酸洋白菜并不是醋腌渍制成，而是仅仅用圆白菜和盐经过乳酸发酵制成的。据说二战前，一到秋季，德国的各家各户都会大量采购酸洋白菜，可以享用一个冬天。暴渍的酸洋白菜用于制作沙拉，长时间腌渍的用于和香肠等一起熬煮。此外，德国人还制作许多水果干货。我每次回到丈夫的老家鹿儿岛的时候，附近的邻居会送来许多时令的水果。都是无农药栽培的放心水果，为了不浪费，我都会把它们做成干货。虽然这是个只要去商场，什么都可以买到的时代，但当我把手工制成的这些食物摆放在贮藏室的时候，有一种说不出的幸福感。

正宗的德国味道

酸洋白菜

酸洋白菜的酸味是由乳酸发酵形成的，绝对没有使用醋。

自然的酸爽，随着发酵过程的深入，可以品尝到不同的风味。

如果混入了细菌会腐烂变质，因此必须在事前将瓶或者碗煮沸。

材料（容易制作的分量）

圆白菜 … 1 个

盐 … 圆白菜重量的 2%

┌ 藏茴香籽 … 1/2 小勺

│ 月桂叶 … 1 片

A 公丁香 … 3 颗

│ 杜松子（如有。→参照

└　P.45）… 3 颗

■ 230 kcal（全部的量）

保存：冰箱中可以保存 6 个月。保存中保持水分浸没就不容易腐坏。

多仁亚·小贴士

步骤 3 的时候如果水分不够，可以以 1 升水兑 2 克盐的比例调配盐水后酌情加入。

1　大瓶子和盖子一起在水中煮沸（图 a），放入烤箱中烤干。大碗也用热水洗净。

2　圆白菜切碎，和预定量的盐一起放入碗中，轻轻揉搓（图 b）。和 A（图 c）一起放入步骤 1 的瓶子里填满，用手指用力按压挤出水分（图 d）。包上保鲜膜，用加了水的杯子等比较重的东西压住（图 e，右），静置半天到一天。

3　水分出来以后移开重物，轻轻盖上瓶盖，不要盖严。有可能有水分喷溢出来，将瓶子放在方平底盘上（图 e，左）。室温（18 摄氏度左右）放置，发酵 3 ～ 6 天。如果开始咕咚咕咚冒泡，就是发酵正在进行的标志（图 f，这是发酵第 2 天）。充分发酵以后不再冒泡，移至冰箱冷藏，再经过 2 ～ 3 周使其成熟。

a

b

c

d

e

f

还有这样的改良菜单

酸洋白菜沙拉

腌渍过了几天的新鲜酸洋白菜取出 300 克，加入切成细丝的洋葱半个、胡萝卜 1/4 根和苹果（去皮）半个混合搅拌。根据喜好加入 1 小勺蜂蜜、少许胡椒和 2 大勺橄榄油调味。

胡萝卜泡菜

做成常备菜，常常可以吃到黄色和绿色的蔬菜，十分健康。
选用在德国经常使用的，清淡柔和的苹果醋。
使用市面销售的泡菜用香辛料，轻松做成。

材料（容易做的分量）
胡萝卜 … 200 克
盐 … 少许

[泡菜汁]
大蒜（捣碎）… 1 瓣
泡菜用香辛料（干。参考右侧）
　… 1 小勺
月桂叶 … 1 片
水 … 160 毫升
苹果醋 … 140 毫升
盐 … 1 小勺
砂糖 … 25 克

■ 110 kcal（全部的量）

1　胡萝卜去皮切成条状，在盐水中焯 1 分钟
　（如右图）。拭干水分。

2　泡菜汁的材料入锅加热，沸腾后煮 2 分钟，
　关火。

3　瓶子里塞满步骤 1 材料，加入步骤 2 的月
　桂叶。泡菜汁趁热倒入，冷却后盖上瓶盖
　放入冰箱冷藏。

保存：第二天开始可以吃，冷藏可以保存 1 个月左右。

泡菜用香辛料。含有芥末籽、多香
果、香菜、公丁香、锡兰肉桂、月桂、
莳萝籽等。

南瓜泡菜

日本人或许会觉得有些奇怪，但这是德国的传统泡菜。
要点是南瓜切薄片，蒸的时候不让鲜味逃走。
泡菜叶中加入苹果汁，配出清爽的风味。

材料（容易做的分量）
南瓜 … 1/4 个

[泡菜汁]
泡菜用香辛料（干。→参照 P.62）
　… 1 小勺
白葡萄酒醋 … 1/2 量杯
苹果汁 … 1/2 量杯
砂糖 … 3 大勺
盐 … 1 大勺

■ 180 kcal（全部的量）

1　南瓜去蒂和籽，去皮。切成约 5 毫米厚的半月形，再切成 2 ～ 3 等分。入蒸锅，蒸 2 ～ 3 分钟至熟透（如右图）。
2　泡菜汁的材料入锅，煮沸后关火。
3　方平底盘中加入步骤 1 材料，倒入热的泡菜汁。等冷却后塞入保存容器中，放进冰箱冷藏。

保存：做好后立刻可以吃，冷藏可以保存约 1 周。

黄瓜莳萝泡菜

和酸洋白菜一样，也是乳酸发酵制成。

咔嚓咔嚓的嚼劲和莳萝的香气，应用范围广泛。

咕咚咕咚冒泡，飘出酸酸的气息，就是发酵成功了。

材料（容易做的分量）

黄瓜 … 4～5 根

大蒜（捣碎）… 1 瓣

红辣椒 … 1 根

莳萝 … 2～3 株

5% 盐水 … 适量

■ 50 kcal（全部的量）

1　保存瓶煮沸后冷却（→参照 P.61）。

2　制作适合保存瓶容量的 5% 盐水，事先溶解好盐。

3　黄瓜切成适合保存瓶的长短（图 a）。

4　用大蒜、红辣椒、莳萝和黄瓜填满保存瓶，注入步骤 2 的盐水至瓶口。为了防止黄瓜浮出，在瓶口覆盖保鲜膜（图 b）。有可能有水分喷溢出来，将瓶子放在方平底盘上，瓶盖不要盖严（→参照 P.61）。

5　室温放置 3 天左右发酵。冒泡就是表示正在发酵中。6 天后不再冒泡，发酵已经停止，移到冰箱冷藏。

a

b

多仁亚·小贴士
过程中如果发现黄瓜变软，散发出奇怪的味道，有可能已经腐坏了，不要食用。

保存：1 周后可以食用，冷藏可以保存 1 个月。

醋渍秋刀鱼

秋刀鱼季节以外的时候，用青花鱼、鲹鱼、蓝背鱼等都 OK。
要点是加入充分的盐，除去多余的水分和臭味。
搭配涂了黄油的裸麦面包，非常美味。

材料（容易做的分量）
秋刀鱼 … 4 条
盐 … 1～1.3 大勺
紫洋葱 … 半个

[泡菜汁]
泡菜用香辛料（干。→参照 P.62） … 1 小勺
杜松子（如有。→参照 P.45） … 2 颗
红辣椒 … 1 根
月桂叶 … 1 片
生姜薄片 … 1 片
白葡萄酒醋 … 1/2 量杯
砂糖 … 75 克
水 … 3/4 量杯

■ 1110 kcal
（全部的量）

保存：第三天开始可以吃，冷
藏可保存约 1 周。

1　秋刀鱼切成三段，过长的话再对半切。鱼皮朝下排列在平底盘上，撒盐，包保鲜膜，放进冰箱冷藏约 4 小时。

2　紫洋葱切薄片。

3　泡菜汁的材料放进瓶中，用力摇晃混合（图 a）。

4　取出步骤 1 材料（图 b），拭干从秋刀鱼中渗出的水分，切成适合食用的大小。

5　保存瓶里塞满秋刀鱼和紫洋葱，注入泡菜汁（图 c），放入冰箱冷藏。

a

b

c

水果做主材

苹果酱

在德国会做好一个冬天需要的分量，是很有人气的易保存食品。

就这样当作茶点吃，或者搭配肉类，或者做成甜品。

细砂糖和柠檬汁的分量，根据苹果的酸甜度进行调节。

材料（容易做的分量）

苹果（红玉、乔纳金等）··· 3 个

柠檬汁 ··· 2 大勺

细砂糖 ··· 3 大勺

■ 390 kcal （全部的量）

1　保存瓶煮沸（→参照 P.61）。

2　苹果去皮，切成一口吃下的大小。

3　步骤 2 材料入锅，撒柠檬汁和细砂糖（图 a）。盖上锅盖用小火煮约 15 ～ 20 分钟，直到苹果变软。

4　关火，用捣碎器捣碎或者用手持搅拌器打成糊状（图 b）。趁热倒入步骤 1 的保存瓶里，瓶口留 1 ～ 2 厘米，用力拧紧瓶盖后将瓶子倒置，这样一来就密封了。

保存：未开封状态，可以常温保存 3 个月。开封后冷藏保存，在一周内吃完。

a

b

做成甜品

苹果雪泥

1　制作蛋白酥皮。调理碗中加入一个蛋的蛋清，用打蛋器打到起泡，1大勺细砂糖分两次加入，再用打蛋器继续发泡。泡泡冒出尖角之后，加入少量盐。

2　另一个碗中加入苹果酱、酸奶酪各100克混合，再加入步骤1的蛋白酥皮（如右图），轻轻搅拌，不要将泡泡弄碎。装盘，根据喜好撒上少许锡兰肉桂。（约4人份）

搭配肉类

嫩煎猪排配苹果酱

1　猪里脊肉（猪排用）1块去筋，撒上少许盐和胡椒，拍上少许低筋面粉。

2　平底锅里加入色拉油和黄油各少许加热，加入步骤1两面都烧透。

3　猪肉装盘，添上适量苹果酱。（1人份）

洋李果酱

一般的果酱会加入相当于水果一半重量的砂糖，
但洋李果酱将砂糖的量减少到了极致，是纯正天然水果味道的健康果酱。
推荐的食用方法是裸麦面包上涂上黄油，再添上脱水酸乳酪和洋李果酱。

材料（容易做的分量）

洋李（生）… 2 千克

细砂糖 … 60 克

肉桂棒 … 1/2 根

公丁香 … 2 颗

■ 1160 kcal（全部的量）

1 保存瓶煮沸（→参照 P.61）。方平底盘放冰箱预先冷却。

2 洋李彻底洗净拭干水分，去蒂，对半竖切挖去种子。

3 放入较大的锅中，撒上细砂糖之后略微搅拌，开火加热。沸腾后关火，用打蛋器等打成糊状（如右图）。

4 步骤 3 中加入肉桂棒和公丁香，再开火加热。沸腾后关小火，慢慢熬煮，随时注意不要烧焦。

5 用勺子舀一勺步骤 4，放在步骤 1 的方平底盘上，如果不会流来流去，就是做好了。趁热装入步骤 1 的保存瓶，瓶口留 1～2 厘米的空间，用力拧紧盖子以后倒置。这样就密封了。

保存：未开封可常温保存 6 个月，开封后冷藏，尽早食用。

砂糖桶柑皮

在鹿儿岛会经常吃的桶柑，非常香甜。
用桶柑的皮，做成像橙皮那样的糖腌干货。
柚子、日向夏、柠檬等，只要是柑橘类的都可以做。

材料（容易做的分量）
桶柑适量（可以取 500 克皮的量）
细砂糖 … 500 克
水 … 2 量杯

■ 2230 kcal（全部的量）

食用的时候切成细长条装盘。非常适合
用来搭配意式咖啡。

1　桶柑连皮洗净，切 4 等分后将果肉取出，果皮内侧附着的白色部分有苦味，所以尽可能刮干净。弄干净的桶柑皮 500 克，准备完毕。

2　锅内放入步骤 1 的皮注入水（预定分量以外），刚好能浸没桶柑皮即可，然后开火加热。沸腾后将水倒掉。然后注入新的水，同样焯后倒掉。这样的操作是为了去掉桶柑的苦味，重复 2 ~ 3 次以后，用过滤筛将水沥干。

3　锅内加入步骤 2、细砂糖和预定量的水煮沸，关小火盖锅盖，熬煮 10 分钟左右。然后就这样放置一个晚上摊冷。第二天，继续加热后摊冷。这样重复操作 3 天，最后不盖锅盖，将水分烧干。

4　方平底盘敷上适量细砂糖（预定分量以外），步骤 3 稍微冷却后铺在平底盘上，用细砂糖涂满。水分充分蒸发以后，将干燥的桶柑皮装入保存瓶。

保存：彻底干燥以后，可常温保存 1 年。

洋梨蜜饯

可以用来作为圣诞节的甜点，有一种独特感的蜜饯。
洋梨如果太软就不适合做成蜜饯，因此要点就是
要选择已经成熟了但果肉依然紧实的洋梨。

材料（4 人份）

洋梨 … 2 个

甜味的白葡萄酒 … 1 量杯

水 … 1 量杯

细砂糖 … 100 克

柠檬的皮 … 1 厘米见方两片

黑胡椒（粒）… 8 粒

肉桂棒 … 1 根

月桂叶 … 1 片

百里香 … 1 株

生姜薄片 … 1 片

八角 … 1 个

小豆蔻 … 3 颗

■ 150 kcal

1 洋梨以外的材料全部入锅（如右图）加热。沸腾后关小火，咕嘟咕嘟熬煮 20 分钟，将香辛料的香味煮入白葡萄酒中。

2 洋梨切 4 等分，去芯去皮。

3 步骤 2 加入步骤 1 中煮沸，关小火慢煮 5 分钟，注意不要将果肉煮烂。关火，静置冷却后放入冰箱冷藏。

保存：可冷藏保存 1 周。

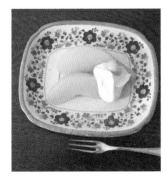

马士卡彭乳酪（译者注：一种松软的意大利奶油干酪）和粉砂糖，香子兰豆混合后作为搭配也很美味。

煮李子果露

院子里有一棵李子树，这是鹿儿岛的亲戚教我的菜式。

李子的种类哪一种都 OK。我用的是鹿儿岛的黑醋，可以根据喜好选择其他种类。

在炎热的夏季用碳酸稀释，酸酸甜甜口感更佳。

材料（容易做的分量）

李子 … 2 千克

细砂糖 … 1 千克

醋（黑醋、苹果醋、米醋等）

… 1 量杯

■ 4760 kcal（全部的量）

1 保存瓶煮沸（→参照 P.61）。

2 李子彻底洗净拭干水分，去蒂，对半竖切挖去种子。

3 锅内加入细砂糖和醋，开火加热，使细砂糖融化。加入李子，沸腾后去掉漂浮在表面的杂质，关小火煮 5 ～ 6 分钟。

4 趁热倒入步骤 1 的保存瓶里，瓶口留 1 ～ 2 厘米，用力拧紧瓶盖后将瓶子倒置，这样一来就密封了。

保存：未开封可常温保存 6 个月。开封后放冰箱冷藏，尽早食用。

多仁亚·小贴士

玻璃杯中加入冰块，加入两大勺李子果露，然后兑 100 ～ 150 毫升的碳酸。李子的果肉也可以一起享用。

自制调味料

材料（容易做的分量）
橄榄油 … 3/4 量杯
白葡萄酒醋 … 1/4 量杯
盐 … 1.5 小勺
胡椒 … 适量
蜂蜜 … 2 小勺

a

■ 1300 kcal（全部的量）

全部的材料装入瓶中盖上盖子，用力摇晃充分混合（图 a）。如果有多出来的，和瓶子一起放冰箱冷藏。

保存：冷藏可保存 1 周。

多仁亚·小贴士

刚从冰箱拿出来的时候油是凝固的，食用前要用力摇匀。

基础沙司酱

沙司酱制作非常简单，所以特意去买的话就太浪费了。
自己做的话食材新鲜，而且不会有添加剂。
只要改变醋的种类和调味料，就能变换出各种不同的口味。

浇在沙拉上

1　水芹、芝麻菜撕碎，胡葱切小圆片，意大利香芹切略粗的小块。
2　餐盘中加入适量的基础沙司酱（图 b），加入步骤 1 材料，食用前搅拌。

b

多仁亚·小贴士

先将沙司酱倒入餐盘底部，在开动前再加入蔬菜搅拌。款待客人的时候可以先加入沙司酱做好准备，非常方便。

芥末

刚刚做好的时候香味扑鼻，只有自己做才能闻到。

酸味和甜味的平衡，可以根据喜好自己控制。

经过 3 ~ 4 天就会飘出香气，可以搭配香肠一起吃。

材料（容易做的分量）

芥末籽 … 45 克

水 … 1/4 量杯

苹果醋 … 2 大勺

砂糖 … 20 克

盐 … 5 克

■ 250 kcal（全部的量）

1　为了让芥末籽变得容易粉碎，先在冰箱冷冻 1 小时。

2　用手持搅拌器等打成粉末状，剩余少量的颗粒（图 a）。

3　剩余的材料全部入锅煮沸，盐和砂糖融化以后将锅子从火上移开，冷却。

4　将步骤 2 加入步骤 3 中，装入保存瓶（图 b）。常温放置 2 ~ 3 天飘出香味以后，放冰箱冷藏。

a

保存：冷藏可保存约 3 ~ 4 个月。但是，因为是有香味的东西，推荐尽早食用。

b

芥末籽有褐色和黄色两种，哪一种都 OK。黄色的辣味稍微淡一些。

自制黄油

自制黄油的魅力在于可以尝到刚做好时候的新鲜风味，这是在市售黄油里品尝不到的。

生奶油请尽量选择脂肪含量多的种类。

可以根据喜好加入盐，要加的话尽量选择质量上乘的。

材料（容易做的分量）

生奶油（脂肪含量多的种类）

 … 1 量杯

盐 … 适宜

■ 860 kcal（全部的量）

1 容量 300 毫升以上的保存瓶煮沸后冷却（→参照 P.61）。

2 生奶油恢复常温后，装入保存瓶。用力拧紧瓶盖，一个劲儿摇晃瓶子。过一会儿奶油出现了絮状物，再用力摇晃，脂肪和水分突然分离了（如右图）。

3 调理碗中叠上过滤筛，沥干水分（酪乳，参考左侧）。根据喜好混入盐。

多仁亚·小贴士

碗中残留的水分被称作酪乳。用这个制作薄煎饼会很美味。

保存：冷藏可保存 2 周。

[美好生活调味料]

用小小的花朵做装饰

我不擅长在大花瓶里养上几种不同的花。因此，我仅仅用一朵野花一样的小花朵或者玫瑰，轻描淡写般随意地装饰家里的各个角落。插花用的瓶子也不限于花瓶，充分利用了玻璃杯等容器。左上角照片中的粉色玫瑰，插在了以前用来水栽培风信子的玻璃罐里。右上角照片中银制的一朵插瓶，是从德国买回来的旧货，与拥有高雅颜色的紫盆花非常相配。右下角的是以前用来喝牛奶的杯子，插上了颜色活泼的百日菊。左下角的扁扁的旧玻璃杯，是口袋装的男士用私人玻璃杯，插上了可爱的紫菀。

午餐餐桌上摆花，需要一定的分量感，可以多插几朵浅色的玫瑰。

水果做装饰

我喜欢在餐桌上摆放喜欢的餐盘。看着就觉得欢喜，还可以用来盛放时令水果。前几日收到从鹿儿岛寄来的东西，里面有老家庭院里长出的柿子，我将它们放在了赤木明登老师设计的哑光漆器里（如左图），盛放洋李的盘子是侨居德国的陶艺家，李英才老师设计的高雅餐盘。

花纹器具演奏餐桌旋律

花纹的器具和素色的东西组合，点缀了餐桌。所以在跳蚤市场上见到中意的花纹器具，就算只有一件我也会买回来。纸巾也是一样，看到喜欢的花样就会买下来围着，午餐的时候放在白色餐盘上面，会有一种很阳光的感觉。（→参照P.6）

隐约的芳香

虽然喜欢香氛，但是电器产品的芳香加湿器体型很大，我不是很喜欢。当我找到这个木制加湿器的时候非常激动！这是用间伐的扁柏木做成的，有着时尚的设计，与室内设计融为一体，更惊喜的是里面可以藏入整个香氛瓶。

享受烛光

入夜，晚餐的时候点上蜡烛，整个气氛都会变得不一样，非常轻松舒适。我收集了许多烛台，从经典的两根蜡烛用的烛台到矮矮的玻璃烛台，根据不同情境来选择使用。就像这张照片一样，放在一起点上蜡烛也是美不胜收。

厨房和客厅井然有序的智慧

[餐具和工具的收纳]

古代日本的和式橱柜作餐具柜

我很喜欢旧时的欧洲餐具，但我是用放在客厅的古代日本的和式橱柜收纳的。左上角的图片是收纳在抽屉里的茶杯和茶托，放在搁板上的话会看不到里面的东西，放在抽屉里就可以全部看得很清楚。收纳也是紧凑的艺术。右上角的刀叉餐具用手边现成的做面包用的模具分类放置，市售的刀叉用托盘比较浅，这个比较深，可以放很多餐具。左下角是排列在搁板上的玻璃类器具。一样的东西排成竖排，就算看不见里面也一目了然。看上去干净整洁，整理起来也很容易。

活用小小的旋转托盘
放在搁板上

这种旋转托盘适合放在比较高的搁板上。零散的调味料类放在上面，找起来比较容易。另外，小钵和小碗等小型的器具，如果放在搁板深处会很难拿出来，用旋转托盘就方便多了。

托盘和砧板用书立隔开

烤箱的托盘和砧板、木板等，收纳板状道具的时候，可以利用书立。书立的底部贴住里侧橱壁，做成面朝自己隔开的样子。这样一来可以按照大小分类放置，要用的时候刷地一下子取出来也很容易。

烤点心模具用来装香辛料

这个是用烤点心模具做成的抽屉的范例。装入零碎的香辛料瓶子，放在调理台下面的搁板上，要用的时候拉抽屉一样拉出来即可。为了能立刻分辨出香辛料的种类，要点是事先在瓶盖上贴好名称。

透明保存容器排排放

高处的搁板上，透明的容器里头放上粉、干货等，非常方便。不但找的时候不需要一个一个打开盖子看，而且同样大小的容器摆放在一起，不会造成空间的浪费。粉末类的东西看上去比较像，可以把袋子上的名称部分裁下来一起放进去哦。

体积大的保存容器放进大篮子里

保存容器不管怎么放都会占去大量的空间，我就把它们全部放进一个大篮子里，再搁到冰箱上方。要用的时候整个篮子拿下来，取出保存容器。因为篮子并不重，所以拿上拿下也不会很吃力。

图书在版编目（CIP）数据

德国式简单料理 ／（日）门仓多仁亚著 ；陈怡萍译. —— 济
南：山东人民出版社，2015.4
ISBN 978-7-209-08849-7

Ⅰ．①德… Ⅱ．①门… ②陈… Ⅲ．①菜谱-德国
Ⅳ．①TS972.185.16

中国版本图书馆CIP数据核字(2015)第037268号

TANIA NO DOITSU-SHIKI SIMPLE RYORI by Tania Kadokura
Copyright© Tania Kadokura 2013
All rights reserved.
Original Japanese edition published by NHK Publishing, Inc.

This Simplified Chinese language edition published by arrangement with
NHK Publishing, Inc., Tokyo in care of Tuttle-Mori Agency, Inc., Tokyo
through Shinwon Agency Co., Beijing Representative Office

山东省版权局著作权合同登记号 图字：15-2014-353

责任编辑 王海涛

德国式简单料理
〔日〕门仓多仁亚 著 陈怡萍 译
───────────────────────────────
山东出版传媒股份有限公司
山东人民出版社出版发行
社 址：济南市经九路胜利大街39号 邮 编：250001
网 址：http://www.sd-book.com.cn
发行部：(0531)82098027 82098028
新华书店经销
北京图文天地制版印刷有限公司印装

规 格 16开（185mm×260mm）
印 张 5
字 数 50千字
版 次 2015年4月第1版
印 次 2015年4月第1次
ISBN 978-7-209-08849-7
定 价 35.00元
───────────────────────────────
如有质量问题，请与印刷厂调换。010-84488980